物理启蒙第一课

5分钟趣味物理实验

这就是材料

（英）杰奎·贝利（Jacqui Bailey）/ 著　朱芷萱/ 译

化学工业出版社

·北京·

北京市版权局著作权合同登记号：01-2021-5119

图书在版编目（CIP）数据

物理启蒙第一课：5 分钟趣味物理实验. 这就是材料/（英）杰奎·贝利

（Jacqui Bailey）著；朱芷萱译. —北京：化学工业出版社，2021.9（2022.1重印）

ISBN 978-7-122-39447-7

Ⅰ.①物… Ⅱ.①杰… ②朱… Ⅲ.①物理学—科学实验—儿童读物

②材料科学—科学实验—儿童读物 Ⅳ.①O4-33②TB3-33

中国版本图书馆CIP数据核字（2021）第134331号

责任编辑：马冰初　　　　　　　　　　文字编辑：李锦侠
责任校对：边　涛　　　　　　　　　　装帧设计：与众设计

出版发行：化学工业出版社（北京市东城区青年湖南街 13 号　邮政编码 100011）
印　　装：北京宝隆世纪印刷有限公司
889mm×1194mm　1/16　印张 10 ½　字数 100 千字　2022 年 1 月北京第 1 版第 2 次印刷

购书咨询：010-64518888　　售后服务：010-64518899
网　　址：http：//www.cip.com.cn
凡购买本书，如有缺损质量问题，本社销售中心负责调换。

定　价：138.00 元（全 6 册）　　　　　　　　　　版权所有　违者必究

目　录

目　录

走进材料的世界

材料是什么？

材料是构成物体的物质。衣服是由一类叫作织物的材料构成的。世上万物都是由材料构成的。

思维拓展

世界上有哪些不同的材料？

• 椅子是由木材或者塑料制成的。

书本是由纸做成的。

你在身边还能看到哪些材料？

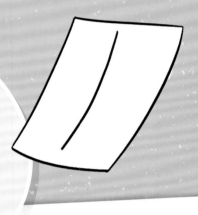

实验前的准备

1张纸

铅笔和尺子

1组不同材料制成的物品

（如：你的书包和书包里所有的物品）

物体是由什么构成的？

1 用笔和尺子在纸的正中央画一条竖线。

2 左侧栏列出面前的所有物品。

3 右侧栏写下你认为构成每个物品的材料。

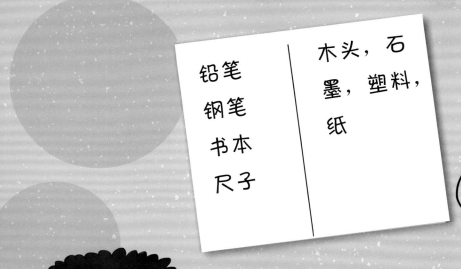

| 铅笔
钢笔
书本
尺子 | 木头，石墨，塑料，纸 |

> 实验解答
>
> 我们会用到成千上万种材料，每种材料与其他材料的功效都有所不同——它们具有不同的性能。尼龙是一种塑料，它很强韧，可弯曲，所以常用来制造绳索。金属坚硬牢固，所以用来制作勺子。

4 注意，有些物品可能由多种材料构成，比如铅笔。不确定材料的名称时可以问问大人。

5 你找出了多少种材料？每个物品为什么用某种特定的材料制作而不用别的？

材料是坚硬的还是柔软的？

有些材料坚硬而牢固，有些则柔软易变形。不同性质的材料，使用方式不同。

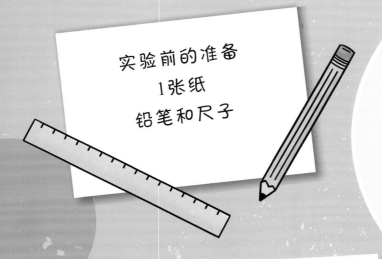

实验前的准备
1张纸
铅笔和尺子

物品	材料	坚硬	柔软
床			
桌子			
台灯			
玩具熊			

思维拓展
你的床哪部分是坚硬的，哪部分是柔软的？

- 床脚和床板由坚硬的材料制成。
- 床垫既包含柔软的填充材料，也包含弹性十足的弹簧。
- 床单则轻柔松软。

这些坚硬的或柔软的部分分别由什么材料制成？

哪些材料是坚硬的，哪些材料是柔软的？

1 用尺子将纸划分为四栏，按上图所示为每栏命名。

2 找一个房间观察其中的物品，比如你的卧室。将所有物品列在第一栏中，其构成材料列在第二栏中。

3 每种材料是硬的还是软的？在每种材料后面的"坚硬"或者"柔软"栏里打勾。你觉得为什么要用坚硬材料做某些物品而不选用柔软材料呢？

"
实验解答

金属和木头一类的坚硬材料非常实用，因为它们牢固而不易变形，所以适用于建造建筑物或者用于承重，平时也经常用于制造家具。柔软材料可以弯折或缠绕成不同形状，所以通常用于制造舒适的衣物和床上用品。
"

材料有弹性吗？

一些材料具有弹性，属于弹性材料。也就是说，它们可以被拉伸或挤压成不同形状，但如果你撤力松手，它们就会反弹回原本的形状。

实验前的准备
1张纸
铅笔和尺子
一些不同的衣物（如：紧身裤，毛线帽子，短袖上衣，雨衣，游泳衣）

思维拓展

哪些物品是具有弹性的？

• 你可以挤压一块海绵。

• 可以拉伸一根橡皮筋。

• 许多衣服都是可以拉伸的。

找出更多可以拉伸的织物。

哪些织物可以拉伸？

1 将纸划分为三栏，分别命名为"衣物""拉伸"和"材料"。

2 将实验衣物的名字列在第一栏中。

实验解答

一些织物比其他织物更易拉伸，因为它们由混合材料制成。那些拉伸程度较高的衣物所用的材料中包含一种叫作莱卡（氨纶）的材料。这种材料使得织物可以自由拉伸再回归原形。织物可拉伸程度越高，其中莱卡含量越多。

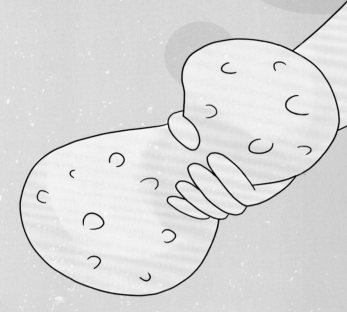

衣物	拉伸	材料
短袖上衣	2	棉
帽子	2	毛线
紧身裤	3	莱卡
雨衣	1	

3 扯一扯每件衣物，测试是否可拉伸，不可拉伸的标1，些许可拉伸的标2，可拉伸程度很高的标3。

4 看看每件衣物的标签，找出其构成材料，写在第三栏中。哪些织物的拉伸程度最高？

材料可以弯折吗?

有些材料可弯折,有些则不行。可弯折的材料叫作柔性材料。不可轻易弯折的材料叫作刚性材料。

实验前的准备
一些不同材料制成的物品
(如:吸管,木制铅笔,
1段线绳,生日蜡烛,纸,
金属晾衣架,金属勺子,
塑料叉子,小铲子)
铅笔和纸

思维拓展
哪些东西可弯折,哪些不可弯折?
· 棉线十分柔软,适合用来缝东西。
· 缝衣针由坚硬的金属制成,可以用穿透织物。
哪些是柔性材料,哪些是刚性材料?

哪些材料可弯折?

1 从吸管开始,试着弯折每一样物品。

2 分别记下可轻易弯折、不易弯折和一折就断的材料。

3 分别列出你认为我们要用到可弯折材料和坚硬材料的原因。

4 对比你和朋友列出的单子。

实验解答

柔性材料很有用，因为它们可以被弯曲或被折叠成任何我们想要的形状。刚性材料也很实用，因为它们在使用中不会变形。一些刚性材料非常坚固，还有一些则一折就断。这些一折就断的材料叫脆性材料。

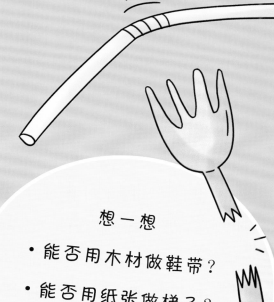

想一想

• 能否用木材做鞋带？

• 能否用纸张做梯子？

你认为会发生什么？

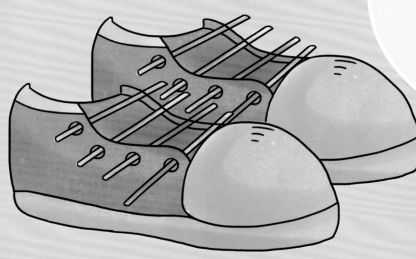

哪些材料反射光线的能力强？

有些材料表面闪亮，有些则光泽暗淡。

实验前的准备
铅笔和纸

思维拓展
有些材料比其他材料更能反射（反弹）光线。哪些材料反射光线的能力比较强？

闪亮的

暗淡的

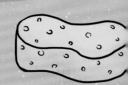

材料为何闪亮？

1 看一看房间中能找到哪些反光的物品？它们分别由什么材料制成？

2 现在找一找不反光的物品。它们由什么材料制成？

实验解答
平整光滑的材料更闪亮，因为光在其表面直接反射后进入人眼。粗糙的材料使反射光分散，所以看起来更暗淡。

3 列出闪亮的和暗淡的材料，进行对比。哪些材料表面平滑，哪些材料表面粗糙？

如何使材料光泽暗淡？

1 小心裁下一块铝箔，观察其反光的一面。你能看到自己的映像吗？

2 将铝箔揉皱后再展开。现在发生了什么？

3 再次揉皱铝箔然后展开。现在又有何变化？

思维拓展
如果本来平滑的表面蒙上了灰尘，它还会闪亮吗？

实验前的准备
铝箔

实验解答

铝箔表面平滑而干净时最为闪亮，因为此时它能将光线集中反射进入人眼。我们用反光效果好的材料制作镜子。给一块平滑的玻璃镀上一层闪亮的薄金属膜，镜子就做成了。

目光能穿透哪些材料？

有些材料是透明的，我们的目光可以穿过它们。有些是不透明的，也就是说，我们完全无法透过它们看到另一边。还有些材料是半透明的，透过它们看另一边的东西有些模糊。

实验前的准备

1个硬纸板圆筒（如卫生纸卷中心的圆筒）

胶带或橡皮筋

测试材料（如：普通白纸，棉布，纸巾，保鲜膜，塑料袋，金属箔，描图纸，毛毡，糖纸）

铅笔和纸

思维拓展

哪些东西是透明的、不透明的和半透明的？

· 无色玻璃是透明的。

· 大部分衣服是不透明的。

· 网眼帘是半透明的。

观察一些材料，看看透过它们能否看清另一边。

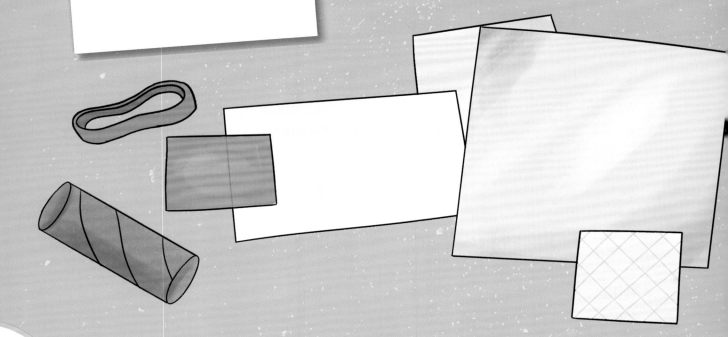

我们的目光能穿透哪些材料？

1 将硬纸板圆筒举在一只眼前，像用望远镜那样，确认你可以清楚地看到另一边。

2 逐次将测试材料包裹在圆筒的一端，用胶带或者橡皮筋固定好。从圆筒另一端看进去，看看你的目光能否穿透这些材料。

3 哪些材料可以被目光穿透而看到另一边？视野清晰还是模糊？

4 分别列出透明的、半透明的和不透明的测试材料。

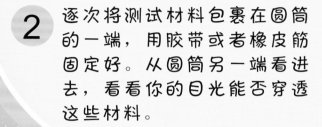

实验解答

玻璃和透明塑料等透明材料用途很多，因为光可以穿过它们，其他东西就不行。玻璃窗户能遮风挡雨，同时也能让阳光洒进屋里。透明塑料做成的储存容器让我们不用打开盖子就能看清里面的东西。

材料都防水吗？

有些材料是防水的——液体会从其表面滚落。有些材料则是吸水的——液体会将它们浸透。

实验前的准备

1个空塑料水瓶

1罐水

一些测试材料（如：厨房纸巾，保鲜膜，铝箔，棉布，塑料袋）

1个大号塑料碗

1根蜡烛

橡皮筋

思维拓展

下雨时会发生什么？

• 雨水从石头铺就的人行道上流走。

• 雨水被土壤吸收。

你能想到哪些防水材料？

这是防水材料吗？

1 在水瓶中倒入半瓶水。

2 逐次把测试材料包裹在瓶口上，用橡皮筋固定。

3 将瓶口朝下拿至塑料碗上方。每种材料各有何变化？

你能将它做成防水材料吗？

1 用蜡烛在一块干燥的棉布上摩擦，让蜡均匀地覆盖棉布（需要的话可以请大人帮忙让蜡烛变软一些）。

2 现在把棉布像之前一样裹在水瓶上，打蜡的一面朝外。打蜡是否对结果产生影响？

实验解答

防水材料十分实用，它们能用来让物品保持干燥，或者用来储存、搬运液体。吸水材料可以用来清洁或者擦干物品。

想一想
你在雨天时穿的雨衣与一般的衣服不同，它是防水的，通常布料上会额外附加一层防水材料。

是漂浮的还是下沉的？

有些物品能轻松漂浮在水面上，有些则会下沉。看看哪些材料会漂浮，哪些会沉底。

实验前的准备

铅笔和纸

1个装满水的大号塑料碗或鱼缸

1组不同材料制成的物品（如：钉子，弹珠，苹果，浴室海绵，木勺子，硬币，软木塞，厨房纸巾）

1块黏土

漂浮还是下沉？

1 在纸上列出所有物品，标明你认为哪些会漂浮，哪些会下沉。

2 将它们逐次放入水中验证自己的猜想。

3 分别记录下漂浮在水面上和直接沉底的物品。沉底的物品有什么共同点吗？

实验解答

体积小重量大的物品会直接沉底，比如硬币和玻璃弹珠。木头或者软木塞之类的材料可以漂浮，因为它们的重量相比体积来说较小，并且是防水材料。厨房纸巾等吸水材料开始可能会漂浮，但在它吸水之后就会沉下去。

你能让它浮起来吗？

1 试着让一块黏土漂浮，然后将它捞起来晾干。

2 将它捶平成一大片，把四边折起来一些，做成小船的形状。

3 小心地将黏土小船放在水面上。它会漂浮还是下沉？

思维拓展

大船如何在水面上行驶？

· 大船是金属制成的，就像硬币一样。

· 但它与硬币的形状截然不同。你认为大船的形状是否能助它漂浮？

是热导体还是热绝缘体？

有些材料很容易导热，这些材料比其他材料更容易加热升温。

实验前的准备

同样长度的1把木勺，1把金属勺，1把塑料勺

一些黄油

3粒豌豆

1个隔热的水壶

1锅热水

1位大人帮忙

思维拓展

制作热饮的过程中，热量如何从较热的材料传导到较冷的材料？

• 热饮会将冷杯子加热。

• 热量会扩散到杯子周围的空气中，热饮和杯子就会逐渐变冷。很快你就可以拿起杯子喝掉饮料了。

你能明白热量如何在材料间传导吗？

如何观察热量传导过程？

1 用一小块黄油将3粒豌豆分别粘在3把勺子柄的末端。

2 小心地将3把勺子竖直浸入水壶中，粘有豆子的勺柄朝上。

3 请大人帮忙往水壶中倒入一些热水，不要没过勺子头。

4 哪粒豌豆最先掉下来？哪个最后？

想一想

木头手柄的金属锅会是什么情况？

· 金属升温快，所以食物可以做熟。

· 木头保持较低温度，厨师就可以握住手柄拿起锅。

我们把不易导热的材料叫作热绝缘体。

"

实验解答

豆子会掉下来是因为水的热量顺着勺子传导，熔化了黄油。金属勺子上的豌豆最先掉下来，因为三种材料中金属导热最快。所以金属是一种很好的热导体。

"

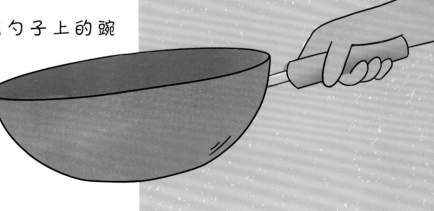

天然材料有哪些用途？

我们用到的许多材料都是天然材料——它们来源于自然界的生物和地球本身。

实验前的准备
1块约10厘米×8厘米的硬纸板
剪刀
两种不同颜色的毛线
织补针

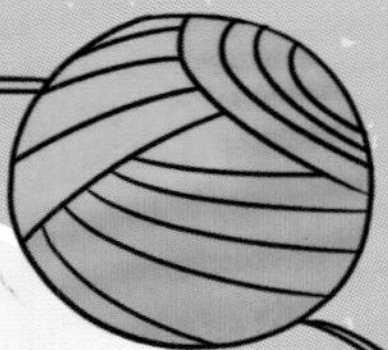

思维拓展

天然材料有哪些？

• 用于制作家具和建造房屋的木材来源于树木。

• 黏土和沙来源于大地和岩石。

• 用于织造的毛线从羊身上来。如何把毛线织成一块布料？

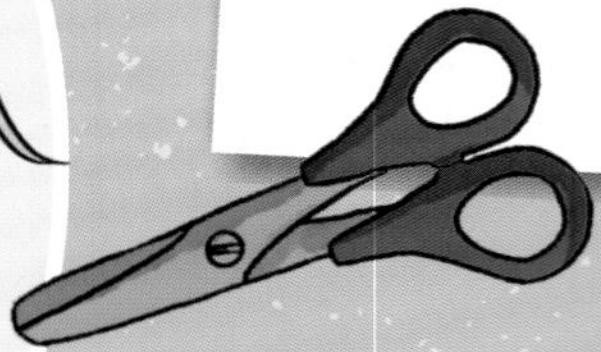

如何用毛线织造物品？

1 在硬纸板的两条长边上剪出锯齿。这一步可能需要大人帮忙。

2 将一种颜色的毛线缠在硬纸板的一端，打结固定。将毛线一圈圈地缠在硬纸板上，每一圈都缠在锯齿凹陷处（见21页图示）。这叫经线。

3 将另一种颜色的毛线穿在织补针上。用针牵引这股毛线上下交替着穿过所有经线，到达纸板尽头时调转方向再穿回去。这叫作纬线。

4 每穿完一圈纬线，就轻轻地向上推一下，让线圈全部紧贴在一起。

5 纬线穿满纸板的一面后，在末端打结。在纸板背面沿经线正中裁开，将织好的布料取下来。

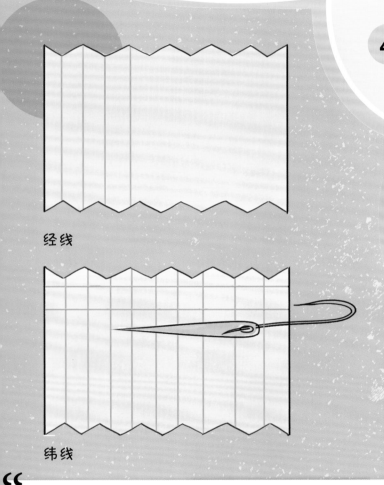

经线

纬线

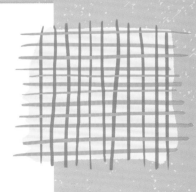

实验解答

天然材料用途广泛，我们可以用它们来制作各类物品。有时我们会改变材料的形状，比如把羊毛纺成毛线。我们也可以把材料弄断，比如砍木材。但材料本身的性质并没有改变。

人造材料是怎么形成的？

有些天然材料可以被改造成其他材料。这些材料不经人工制造是不会存在于自然界中的，因此被称为人造材料。

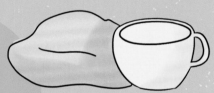

思维拓展

如何把天然材料改造成人造材料？

- 沙子经过加热可以变成玻璃。
- 黏土经过塑形、烘烤、上釉可以变成瓷。
- 石油可以用来制造各类塑料，比如聚乙烯、聚酯纤维和尼龙。
- 木材经过切割和煮沸可以做成纸。

有很多方法可以将一种材料改造成另一种材料。

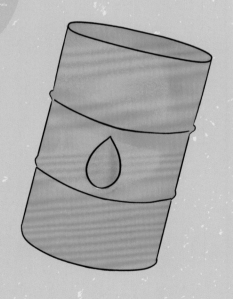

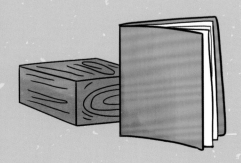

实验前的准备

1块黏土

1根擀面杖

1条5厘米宽、50厘米长的硬卡纸

熟石膏粉

干净的罐子

水

你能把柔软的材料改造成坚硬材料吗？

1 把黏土擀成圆饼状，要至少1厘米厚，面积比手掌稍大。

2 把手展开用力压进黏土中。抬起手，在黏土上留下掌印。

3 将卡纸圈成一个环，把掌印圈在里面。轻轻地把圆环插入黏土，固定住。

4 将一些熟石膏粉放入罐子，慢慢掺水，混合成糊状物。

5 把糊状物倒入卡纸圈内，完全覆盖住掌印。让它晾干。

6 当糊状物完全晾干后，把黏土和卡纸圈取走。剩下的就是你掌印的石膏模型了。

实验解答

熟石膏从柔软的粉末变成了坚硬的石膏模型，是因为与水混合并暴露在空气中进行了风干。许多材料在与其他材料混合后会发生改变。有时加热也可以使材料产生变化。

科学名词

吸水材料
吸水材料可以吸收液体，如海绵和纸巾。

脆性材料
脆性材料通常很硬，但是如果被弯折或击打，它们很容易就会碎掉或者断开。玻璃和陶瓷都是脆性材料。

热导体
热导体是指可以让热量快速通过的材料。它们升温和降温都很迅速。金属是很好的热导体。

弹性材料
弹性材料可以拉伸，富有弹力。这些材料受到拉扯或挤压时会变形，但松手收力后会回归原状。橡胶和莱卡都是弹性材料。

织物
我们的衣服就是由多种不同的织物做成的。棉布、毛料和尼龙都是织物。

柔性材料
柔性材料可以轻易弯曲折叠。和弹性材料不同，它们不会自动回归原本的形状。纸、铜丝和一些塑料都是柔性材料。

吸热/吸光/吸声材料
一些材料不仅吸水，也会吸收其他东西。又厚又黑的织物会吸收热量、光和声音。

热绝缘体
热绝缘体是阻碍热量传导的材料，可以用来阻隔热量进出。木材和一些塑料都是很好的热绝缘体。

人造材料
人造材料是人工生产制造出来的材料。纸和塑料都是人造的。

天然材料
天然材料源于自然界的生物和地球本身。木材、石油和岩石都是天然材料。

不透明材料
不透明材料能阻隔光线。大部分材料都是不透明的，所以我们无法透过它们看到另一边。

反射
反射是指光线在材料表面进行反弹。如果表面光滑并能反射光线，那么我们有时可以在其上看到自己或其他物体的映像。

刚性材料
刚性材料无法进行弯曲或折叠。木材就是刚性材料。

半透明材料
半透明材料允许光线穿过，但也会反射一部分光线。你的目光可以穿透它们，但看到的东西很模糊。描图纸就是半透明的。

透明材料
光线可以轻松穿过透明材料。无色玻璃、水和一些塑料都是透明的，你可以透过它们看到另一边。

防水材料
防水材料不吸收液体。液体会留在这些材料表面，无法穿透。金属、玻璃和一些塑料都是防水的。